DE L'AME

ET DU SENS VITAL

1863

OUVRAGES DE L'AUTEUR.

1° **LA VIE ET SES ATTRIBUTS** dans leurs rapports avec la philosophie, l'histoire naturelle et la médecine. Paris, 1862, 1 vol. in-18.

2° **HYGIÈNE DE LA PREMIÈRE ENFANCE**, comprenant les règles de l'allaitement, du sevrage, le choix des nourrices, etc. Paris, 1862, 1 vol. in-18.

3° **TRAITÉ DES MALADIES DES NOUVEAU-NÉS, DES ENFANTS A LA MAMELLE ET DE LA SECONDE ENFANCE.** *Quatrième édition.* Paris, 1862, 1 vol. in-8 de 1024 pages.

4° **NOUVEAUX ÉLÉMENTS DE PATHOLOGIE GÉNÉRALE ET DE SÉMÉIOLOGIE.** Paris, 1857, 1 vol. in-8 de VIII-1,060 pages, avec planches d'anat. pathol. générale intercalées dans le texte.

5° **DE L'ÉTAT NERVEUX AIGU ET CHRONIQUE, OU NERVOSISME**, appelé névropathie aiguë cérébro-pneumonie-gastrique; diathèse nerveuse; fièvre nerveuse; cachexie nerveuse; névropathie protéiforme; névrospasmie; et confondu avec les vapeurs, la surexcitabilité nerveuse, l'hystéricisme, l'hystérie, l'hypochondrie, l'anémie, la gastralgie, etc., professé à la Faculté de médecine en 1857, et *lu à l'Académie impériale de médecine* en 1858. Paris, 1860, 1 vol. in-8 de 345 pages.

6° **TRAITÉ DES SIGNES DE LA MORT**, et des moyens de prévenir les enterrements prématurés. Paris, 1849, 1 vol. gr. in-18, de VI-408 pages, *couronné par l'Institut.*

7° **HISTOIRE DE LA MÉDECINE ET DES DOCTRINES MÉDICALES.** Paris, 1864, un vol in-8°

8° Mémoire sur la fièvre puerpérale, couronné par la Faculté de médecine, *Gazette médicale de Paris*, 1844, pages 85, 101, 149. — 9° Mémoire sur la *Phlegmatia alba dolens*, couronné par la Faculté de médecine, *Gazette médicale*, 1844, p. 249. — 10° Mémoire sur la coagulation du sang veineux dans les cachexies et dans les maladies chroniques, *Gazette médicale*, 1845, p. 241. — 11° Des malad es virulentes. *Thèse de concours de l'agrégation*, 1847. — 12° Mémoire sur les maladies contagieuses, *Gazette médicale*, 1848, pages 405, 411. — 13° Observations sur les bruits du cœur dans le choléra, *Gazette médicale*, 1849. — 14° Mémoire sur le choléra des femmes enceintes, *Gazette médicale*, 1849. — 15° Mémoire sur la transmission de la syphilis des nouveau-nés à leurs nourrices, *Gazette méd. de Paris*, 1850. — 16° Mémoire sur les hémorrhagies intestinales des nouveau-nés et des enfants à la mamelle, *Gazette des hôpitaux*, 1851. — 17° Mémoire sur l'hygiène et l'industrie de la peinture à l'oxyde de zinc, *Annales d'hygiène*, 1852, tome XLVII, pages 5 à 68. — 18° Des méthodes de classification en nosologie, *Concours de l'agrégation*, 1853. — 19° Mémoire sur les fistules pulmonaires cutanées, *Gazette médicale*, 1854. — 20° Mémoire sur l'ulcération et l'oblitération de l'orifice des conduits lactifères dans leurs rapports avec la pathologie du sein et l'hygiène des nouveau-nés, *Gazette des hôpitaux*, 1854. — 21° Recherches sur les symptômes et le traitement d'une forme particulière du coryza chez les nouveau-nés, *Gazette des hôpitaux*, 1856. — 22° Mémoire sur l'albuminurie du croup et des maladies couenneuses, *Comptes rendus de l'Académie des sciences*, 1858. — 23° Mémoire sur l'anesthésie progressive du croup, servant d'indication à la trachéotomie, *Comptes rendus de l'Académie des sciences*, 1858. — 24° Mémoire sur une nouvelle méthode de traitement de l'asphyxie du croup par le tubage du larynx, *Comptes rendus de l'Académie des sciences*, 1858. — 25° Mémoire sur une nouvelle méthode de traitement de l'angine couenneuse par l'amputation des amygdales, *Comptes rendus de l'Académie des sciences*, 1859. — 26° Nouvelle étude du croup au point de vue de la nosographie, *Union médicale*, 1859. — 27° De l'emmagasinement et de la distribution des eaux de Paris, *lu à l'Académie des sciences*, *Gazette des hôpitaux*, 1861. — 28° Nouvelle méthode de traitement des calculs biliaires et de la colique hépatique par le chloroforme à l'intérieur, *Bulletin thérapeutique*, 1861. — 29° De la contagion nerveuse, *lu à l'Académie de médecine, Bulletin de l'Académie*, 1861, t. XXVI, p. 818, *Union médicale*, 1862. — 30° Du traitement des névralgies par la teinture d'iode morphinée, *Union médicale*, 1863. — 31° Mémoire sur la congestion pulmonaire chronique simulant la phthisie, *Gazette des hôpitaux*, 1864. — 32° Mémoire sur la tuberculose des ganglions bronchiques, *Gazette dss hôpitaux*, 1864.

DE L'AME

ET DU SENS VITAL

PAR

Le Docteur E. BOUCHUT

Professeur agrégé de la Faculté de médecine, médecin de l'hôpital des Enfants-Malades
Chevalier de la Légion d'honneur
Chevalier de SS. Maurice et Lazare, chevalier d'Isabelle la Catholique

---

L'antiquité n'a reconnu à l'homme que cinq sens : le *goût*, l'*odorat*, l'*ouïe*, la *vue*, le *toucher* ; Aristote a même déclaré qu'il ne pouvait y en avoir d'autres (*Traité de l'âme*; traduction de Barthélemy Saint-Hilaire, page 253). Il est certain, en effet, que chacun de nos sens nous met en communication avec certaines propriétés spéciales de la matière, telles que la couleur, la lumière, les saveurs, le son, les odeurs ; la forme ainsi que la résistance, le repos et le mouvement des corps qui sont près de nous, qui nous touchent directement ou qu'un médiateur liquide et gazeux met en contact avec nos organes. Mais nous mettent-ils bien complétement en rapport avec toutes les qualités possibles de la matière ? N'y aurait-il point dans les corps d'autres propriétés spéciales appréciables seulement par les organes d'un sixième sens ? C'est ce que je désire examiner de nouveau, malgré l'interdiction en quelque sorte mise sur ce sujet par le grand philosophe grec.

En qualité d'être le plus parfait de la création, Aristote ne veut reconnaître à l'homme que cinq sens, et s'il les accorde également aux animaux, du moins exige-t-il de ceux-ci qu'ils ne soient « ni incomplets, ni mutilés » (Barthélemy Saint-

Hilaire, p. 257). On les retrouve, en effet, sans en découvrir les organes, sur une foule d'animaux placés très-bas dans l'échelle animale, jusque dans les insectes, dans les mollusques, et chez les êtres microscopiques connus sous le nom d'infusoires. Cette analyse est-elle exacte? Je ne le pense pas. Aristote avait déjà douté de l'excellence de sa division en cinq des organes des sens lorsque, parlant du *sens commun* placé dans le cœur, et qui avertit l'homme de ses perceptions, quel que soit le sens qui les fournisse, il se demande si ce ne serait pas un sixième sens. Toutefois, il se ravise, car il déclare qu'il n'y a pas lieu de voir un sens dans la fonction qui est destinée à nous faire connaître la différence des objets entre eux et des sensations entre elles. Sous ce rapport, Aristote a évidemment raison, et ce n'est pas dans cette voie qu'on peut trouver à refaire l'analyse de nos sensations et peut-être nous enrichir d'un sens très-général par lequel nous avons tous les autres, et dont l'étude est généralement négligée. Ainsi faisons-nous trop souvent. Nous allons chercher bien loin ce que nous avons sous la main. Quelques médecins ont eu l'idée de voir dans la génération un sens différent du toucher et par cela même spécial, et c'est ce que, dans une œuvre infiniment spirituelle, mais d'allure légère, un magistrat bien connu a désigné sous le nom de *sens génésique*, laissant très-habilement à d'autres le soin de lui assigner son véritable rang.

Là n'est point ce qu'on peut appeler le sixième sens. Il y a, dans l'étude physique et morale de l'homme, un fait immense qui est du domaine de la sensation, et qui, avec les autres phénomènes sensibles, contribue à donner à l'entendement ou aux facultés de l'âme le degré de perfection nécessaire; qui est pour les sensations intérieures ce que les organes des sens connus sont aux sensations extérieures; qui met en rapport le corps et l'âme comme avec elle le sont déjà les différents corps de l'univers. Cet intermédiaire entre la matière organique et l'organisme, entre les organes et les fonctions, entre l'organisme lui-même et la conscience, c'est le *sens vital* et ses organes différents des organes habituels des sens, sont les nombreux tissus et viscères qui, par leur ensemble, concourent à l'exercice de la vie physique.

L'âme reste ainsi le principe universel de la conscience et de la vie, recevant, par les organes internes ou externes, les sensations intérieures ou extérieures qui lui révèlent les besoins de la vie, l'usage de ce qui l'entretient et la conserve, l'existence du monde extérieur et des corps qui la peuvent charmer, embellir, ou compromettre et détruire.

Je vais donc rechercher si, en outre du sens de *la vue*, de l'*ouïe*, de l'*odorat*, du *goût* et du *toucher*, il n'y a pas lieu d'admettre, avec quelques philosophes, un sens de la *vie intérieure* ou *sens vital*, par lequel nous avons la conscience de notre organisation physique et de nos besoins matériels, par lequel enfin l'âme, avertie, tenue en éveil par le bien-être ou la douleur, réagit dans la mesure du pouvoir des organes ou de la volonté pour maintenir la conservation de l'être.

C'est la cause de ce qu'on nomme avec raison le *sentiment de soi-même*, sorte de *sens interne* dont la sensibilité organique est l'agent le plus immédiat.

Je viens de le dire, l'idée n'est pas nouvelle, et quelques citations pourront me suffire pour établir le bilan de la philosophie à cet égard.

Ces témoignages ne sont pas à dédaigner, car c'est une double force pour l'autorité que d'être l'autorité et d'avoir raison. M. Bouillier, dans un livre fort remarquable (1), semble l'avoir compris comme moi, car il y a trouvé un appui qui n'est pas sans valeur pour la thèse que je développe après lui. — Parmi les philosophes qui accordent une large part au retentissement des opérations organiques sur la conscience, on peut, en première ligne, citer Leibnitz : « Il se place quelque chose dans l'âme qui répond à la circulation du sang et à tous les mouvements internes des viscères, dont on ne s'aperçoit pourtant point, tout comme ceux qui habitent près d'un moulin ne s'aperçoivent point du bruit qu'il fait. » (Leibnitz, *Nouveaux essais*, liv. III, chap. i.) Pour lui, ce quelque chose est la preuve de l'action illimitée de l'âme et du corps, car il ajoute : « S'il y avait des impressions dans le corps, pendant le sommeil ou pendant qu'on veille, dont l'âme ne fût point affectée, il faudrait donner des limites à l'union de l'âme et du corps. »

Descartes était aussi partisan de l'ancienne théorie des sens internes, et il distinguait deux sens intérieurs : « Le premier sens que je nomme intérieur comprend : la faim, la soif et tous les autres appétits naturels, et il s'est exilé dans l'âme par les mouvements des nerfs de l'estomac, du gosier et de toutes les autres parties qui servent aux fonctions naturelles pour lesquelles on a de tels appétits. Le second comprend : la joie, la tristesse, l'amour, la colère, et toutes les autres passions. » (*Principes*, quatrième partie.)

Bossuet, qui admettait aussi les sens internes, les définit ainsi : « On appelle sens intérieur celui dont les organes ne paraissent pas, et qui ne demande pas un objet externe actuellement présent. » (*Traité de la connaissance de Dieu et de soi-même*, chap. Ier.)

Quelques physiologistes ont également admis cette source de sensations fournies à la conscience, et parmi eux, Gerdy, le plus explicite, s'exprime de cette manière : « C'est un fait aujourd'hui reconnu que l'homme se sent exister, non-seulement dans son intelligence, mais jusqu'à la périphérie et dans les dernières limites de son corps, et qu'il apprécie même avec exactitude, par cette sensation intérieure, la situation respective des différentes parties de la surface de son corps. Aussi dans l'obscurité de la nuit comme à la clarté du jour, aveugle même il porte sa main sur toutes les parties de son corps qu'il veut toucher avec autant de précision que s'il avait au bout des doigts des yeux pour les diriger. Aussi n'a-t-on jamais vu

____

(1) Bouillier, *Du principe vital et de l'âme pensante*, page 361. Paris, 1862.

un aveugle porter les aliments ailleurs qu'à sa bouche ; la sensation qui le guide donne aussi sûrement à son esprit la conscience de son corps, que la perception lui donne celle de son intelligence. Le moi du vulgaire est donc à la fois son corps, qu'il sent par toute sa surface, et son intelligence dont il a la conscience. » (*Physiologie des sensations et de l'intelligence*, in-8., p. 10, Paris, 1846.)

Pour M. Lélut, ce sens interne comprend les instincts viscéraux de conservation, de nutrition et de mouvement avec les principes mécaniques et animaux d'action. Cela le conduit à réunir le *moi* des philosophes principe de la volonté avec le *moi organique* né du sentiment intérieur, des émotions confuses produites par les opérations intimes accomplies au sein des organes. (*Physiologie de la pensée*, tome Ier. *Des facultés de la pensée*, chap. III, p. 63.)

Un philosophe bien connu par ses dissertations médico-philosophiques, M. Peisse, fait également intervenir dans son étude de l'homme le sens interne de la vie, qu'il appelle le *moi vital*. « En outre, dit-il, de ce mode objectif de connaissance du corps où le corps est perçu comme une chose étrangère au sujet qui le perçoit, il est un autre mode en quelque sorte subjectif, où le moi aperçoit le corps dans la réciprocité de leur action et de leur réaction. Le sujet n'est plus ici simple spectateur de l'exercice des fonctions organiques ; il n'est pas obligé pour les connaître de sortir de lui-même, comme on le suppose, ni de recourir à la loupe ou au scalpel, comme s'il s'agissait d'un autre organisme que le sien. Lui-même, il se sent l'auteur de l'action, de l'effort vital qui met les organes en jeu, comme aussi le sujet des impressions plus ou moins confuses, plus ou moins agréables que les organes lui renvoient, et quand son attention, pour une cause ou pour une autre, se dirige sur l'un d'eux, il discerne et localise ces diverses sensations avec une grande perspicacité. » (*Rapport du physique et du moral.* — *Liberté de penser*, numéro du 15 mai 1848.)

On retrouve une opinion presque semblable dans l'étude des sens qu'a faite M. Lemoine, et dans laquelle cet auteur dit très-justement : que si les sens extérieurs importent à notre salut, il n'est pas moins nécessaire qu'il y ait un sens pour veiller au dedans, pour nous avertir, non pas seulement d'un danger et d'un mal possibles encore plus ou moins éloignés comme font les sens extérieurs, mais d'un mal et d'un danger situés à la racine même de notre existence, et qu'il faut immédiatement conjurer sous peine de mort. (*Apologie des sens*, 1859. — *Revue européenne*.)

A ces témoignages j'ajouterai celui de M. Bouillier lui-même qui, dans un chapitre intitulé *Conscience de la vie*, a donné un développement considérable aux preuves susceptibles de faire accepter par les philosophes ce qu'il appelle le sens interne de la vie. (*Ouvrage cité*, p. 367.) Son opinion est presque identique à celle de M. Lemoine.

La perception extérieure des fonctions organiques, la conscience de l'action de l'âme qui les produit, embrassent, dans une foule de petites perceptions, une pluralité de détails, un monde de faits et d'impressions qui nous échappent dans l'état ordinaire à cause de la multiplicité, de la continuité, de la monotonie ou des distractions du dehors, mais qui deviennent sensibles et distincts, soit par le défaut, soit par l'excès, soit par une observation plus attentive de ce que notre âme perçoit et de ce qu'elle éprouve dans ses rapports avec le corps. Ce sont ces faits, ces impressions, dont l'ensemble constitue la vie physiologique qui est toujours présente à la conscience, qui est pour ainsi dire le fond invariable sur lequel repose et se dessine la vie intellectuelle et morale. (Bouillier, p. 379.)

S'il n'était par trop téméraire de prétendre ajouter quelque chose à la belle image de Buffon représentant l'homme tout developpé sortant des mains de Dieu et découvrant en lui l'usage des cinq sens, par lesquels il se trouve en communication avec le monde extérieur, pour s'arrêter sur ce qui lui plaît et pour s'éloigner de ce qui pourrait lui être nuisible, je dirais que la nouvelle créature charmée de son bonheur, enivrée de son premier essai de sensations, fatiguée peut-être de tant de plaisirs inconnus, s'est endormie sans aller jusqu'au bout dans la voie des découvertes qu'elle avait encore à faire sur les admirables secrets de sa vie. Ravie du monde extérieur, elle a oublié de rechercher comment elle était en rapport avec les choses du monde intérieur de l'organisation, et de même qu'elle avait dit : Je *sens*, je *goûte*, j'*entends*, je *vois*, je *touche*, elle aurait pu dire : Je *vis*. Pour cela, elle devait s'isoler de toute sensation extérieure, et rentrant en elle-même pour écouter la voix secrète de son organisation, elle eût bientôt senti le bien-être de la vie qui s'exerce, les besoins par lesquels elle s'entretient, peut-être même la douleur qui avertit du péril, et, découvrant le sentiment d'elle-même, elle eût ajouté, pour clore l'analyse de ses sensations : *Je me sens vivre.*

Avant d'aller plus loin, il n'est peut-être pas inutile de définir ce que c'est qu'un sens, par quoi on peut en reconnaître l'existence et quelles sont les qualités indispensables à sa légitime introduction dans l'analyse de l'homme. Les sens sont des propriétés organiques par lesquelles l'âme découvre l'existence et certaines qualités des objets du monde extérieur. Par la sensation extérieure, en effet, l'homme sait qu'il y a hors de lui des objets grands ou petits, immobiles ou en mouvement, exhalant une odeur suave ou désagréable, ayant une saveur particulière, ornés de couleurs variées, placés à de grandes distances de son être, pouvant être la source d'un couts c agréable ou douloureux.

Tous les sens ont chacun son organe attaché à un ou plusieurs cordons nerveux de l'encéphale, de la moelle ou du nerf grand sympathique; et s'ils se complètent parfois réciproquement dans les données qu'ils fournissent à la conscience et à l'entendement, ils ne peuvent se remplacer. Tout ce qui a été dit par le magnétisme de la transposition des sens de la vision par la nuque ou par le nombril doit être relégué au nombre de ces fables qui encombrent la science et amusent les esprits trop épris dû merveilleux. L'exaltation des sens existe dans des conditions où il serait plus juste de croire à leur obtusion, comme dans l'hystérie, dans l'hypnotisme, dans l'agonie, etc., mais leur déplacement n'a jamais été signalé par un observateur digne de foi. Leur action peut survivre à l'organe qu'un accident aura détruit, mais ici la sensation n'a rien d'actuel et n'est qu'une reminiscence des sensations passées. C'est ce qu'on voit dans le rêve de l'homme endormi et du somnambule ou dans le cri d'un amputé de la cuisse qui se plaint d'un pied depuis longtemps séparé de lui.

Si la sensation d'une des propriétés d'un objet par un organe spécial ne pouvant être remplacé par un autre caractérise ce qu'on appelle *un sens*, il ne faut pas croire que les sens soient purement passifs dans la sensation, que l'organe destiné à nous faire juger telle ou telle propriété de la matière devra toujours transmettre à notre âme les qualités afférentes des corps qui nous environnent. Non, les sens sont à la fois actifs et passifs; il n'est pas rare de regarder sans voir, de toucher sans ressentir et d'écouter sans entendre. A chaque instant, l'homme qui pense marche sans apprécier le sol. ne voit pas qui est devant lui, et n'entend pas plus l'heure qui sonne que le bruit d'une voiture arrivant sur lui pour le mutiler, « c'est l'entendement qui voiyt et oyt » comme dit Montaigne, et si les sensations sont souvent passives, dans beaucoup de cas, il faut une certaine activité de l'esprit, non pour produire la sensation, mais pour faire qu'elle arrive à la conscience. Ne savons-nous pas que chez les fanatiques l'enthousiasme peut aller jusqu'à produire l'obtusion complète du sens tactile, et que, fort calmes dans les supplices les plus barbares, ils affirment ne rien sentir ou, prodige plus grand, ils se réjouissent du plaisir qu'on leur procure? Presque tous les martyrs ont ainsi donné le spectacle de l'activité de l'âme fermant à la douleur le sens par lequel on espérait les amener au parjure.

Un autre fait prouve encore combien l'activité de l'âme est nécessaire à l'exercice des organes des sens. C'est le repos de ces organes dans le sommeil. L'homme qui dort n'entend pas qu'on lui parle, n'est point offensé des odeurs, ne sent pas qu'on le touche, et si on lui soulève la paupière avec précaution, il ne voit rien de ce qu'on lui montre; sa pupille, abritée par la paupière contre le jour, est fortement contractée, et si on le réveille, la pupille se dilate aussitôt et s'accommode à la distance des objets qui commencent à faire sensation, nulle modification ne s'est produite dans les organes, et cependant, sous l'influence du voisinage des objets qui les mettent habituellement en exercice, ils restent insensibles tant que la pensée n'est pas prête à recevoir l'impression qu'ils doivent lui transmettre.

Je viens de montrer à quel caractère on pouvait reconnaître un sens. Cela peut se résumer ainsi : *une spécialité d'impression consciente ou inconsciente par un ensemble d'organes particuliers en rapport avec le système nerveux.* L'œil est un ensemble d'organes, tels que la cornée, l'iris, le cristallin, les milieux transparents entourés de plusieurs enveloppes où se répandent des veines, des artères, et où vient s'épanouir le nerf optique.

Après ce qui précède, il est impossible de ne pas reconnaître combien est encore incomplète notre étude des sens, puisque, après avoir fait connaître ce qui nous révèle le monde extérieur : le son, la couleur, la distance, les odeurs, les saveurs, l'étendue, le poids, le mouvement, etc., etc., elle a négligé de nous instruire sur les phénomènes intimes que chacun sent plus ou moins, par lesquels nous avons, sans les autres, la conscience de la vie, et qui nous révèlent, par le bien-être ou la souffrance, l'action des objets extérieurs sur nos organes, lorsque, introduits dans notre corps, ils se dissocient et se décomposent pour s'incorporer à nos tissus et entretenir la disposition des organes normale des viscères.

Les yeux fermés, loin du bruit et de l'action des corps qui agissent sur les sens externes, rentré en lui-même, isolé de tout ce qui n'est pas lui, l'homme qui s'écoute peut sentir un tressaillement profond, qui n'est pas le mouvement de sa masse, mais qui dépend de la circulation des molécules qui le composent. Ce tressaillement, également éloigné de la souffrance et du plaisir, n'est cependant pas sans charme, car c'est le bien-être de l'homme en bonne santé. — Comme il a dit : *Je pense, donc je suis*, il peut, en découvrant le sens intérieur qui lui révèle son existence, dire : *Je vis*. Mais ce sentiment obscur se développe s'étend et par degré, se transforme. Vague d'abord, cette sensation se complique du besoin de se mouvoir pour rompre une situation fatigante, de la nécessité de respirer ; puis la faim, la soif se feront sentir, et, après elles, le sentiment de la réplétion de certains viscères amenant l'expulsion de leur contenu ; au lieu du besoin, ce pourrait être la satiété, celle du boire et du manger, ou, par exemple, celle de l'esprit ; et le sens intérieur avertit l'homme de la nécessité du repos. Partout, en lui, il sent ce que l'on appelle l'impulsion de l'instinct organique, qui n'est que le cri des organes souffrants ou la voix de l'organisme satisfait par le bien-être, par le besoin ou par la satiété ; il devine la régularité d'une assimilation régulière, le malaise des organes intérieurs, leur souffrance même, si ce malaise s'élève jusqu'à la douleur. Par la sensation intérieure, il juge de son être et de l'état de ses organes ; il se sent vivre et mourir, et ce sont des sensations spéciales en rapport avec les qualités de ce qu'il introduit dans son corps à titre d'aliments solides, liquides et gazeux, avec les qualités du sang qui baigne tous les tissus, avec la régularité de l'assimilation interstitielle, qui fait la vie et la santé. Ce sentiment intérieur de tout être vivant est le sens intérieur dont je viens de parler, et que, plus haut, en raison de son objet, j'ai nommé le *sens vital*. Il a toutes les conditions d'un sens, la spécialité de l'impression, la spécialité de l'organe du sens, qui est l'organisme intérieur ; enfin, il met en communication le monde extérieur avec l'âme, et c'est, en effet, par le sens vital que l'âme en éveil connaît les besoins de l'organisation et, par sa volonté, peut y satisfaire. . . . .

Sous ce rapport, la doctrine que je viens de développer a l'avantage de convertir l'organisme en un sens ajouté aux autres, servant d'intermédiaire à l'âme pour la conservation de la vie. Il est évident que, dans toutes les parties de l'organisme, il se fait sur les aliments et sur le sang qui en résulte un choix de molécules appropriées à la substance de l'organe où elles se déposent, une élection du semblable par le semblable, sans transposition possible des tissus et sans erreur de lieu; de sorte que nous retrouvons ici les organes destinés à reconnaître une qualité de la matière organique, le sang, qui est le stimulant du sens vital, comme la lumière, le son et les odeurs le sont du sens de la vue, de l'ouïe et de l'odorat. L'aptitude de l'organisme pour tirer du sang, les parties qui lui sont nécessaires pour en rejeter les parties nuisibles et ensuite pour ressentir le bien-être de cette opération, et de ce qui s'y rapporte dans la nutrition et dans les excrétions, telle est la finalité de la constitution organique. Sous ce rapport, le rapprochement du sens intérieur de la vie avec les sens externes est de nature à frapper l'esprit.

Il n'est pas une seule partie du corps qui ne soit l'objet d'une perception tantôt confuse tantôt distincte, selon le degré d'attention qu'on apporte dans cette étude, et l'état d'isolement où je trouve l'homme, le prisonnier depuis longtemps enfermé dans une cellule, offre à cet égard une finesse de sens intérieur presque incroyable, souvent douloureuse, devenant l'origine d'aberrations singulières et d'hallucinations qui sont le symptôme de la folie. On sait, en effet, que l'aliénation mentale est la conséquence très-fréquente de l'emprisonnement cellulaire. C'est l'attention excessive sur soi-même qui conduit à ce résultat. De pareils phénomènes s'observent également sur un certain nombre d'hypochondriaques dont les viscères sont très-douloureux, et qui éprouvent dans la profondeur des tissus, quels qu'ils soient, les sensations les plus variées, quelquefois horriblement pénibles à subir. Ces perceptions intérieures, déjà sensibles chez l'homme qui s'observe avec une persévérante attention, se manifestent également dans tous les tissus sous l'influence de l'état morbide. Il n'en est point, fût-il dépourvu de nerfs et tout à fait insensible dans l'état normal, qui ne puisse devenir très-douloureux dans l'état pathologique. Les tendons, les ligaments, les cartilages, etc., sont dans ce cas, et les observations de Bichat et de Flourens à cet égard ont mis le fait hors de doute.

Est-ce que chacun ne localise pas les sensations de douleur dans un point superficiel ou profond de l'organisme, de façon à éclairer le médecin qui l'interroge pour déterminer, d'après les lois de la science, la nature du mal existant?

Est-ce que chacun, eût-il les yeux fermés, ne distingue pas la partie droite de la partie gauche de son corps, quel que soit le point qu'il veuille désigner et ne porte pas sa main ou son pied du côté qui lui plaît? Il n'y a qu'un seul cas où cela ne puisse avoir lieu, c'est celui d'une maladie de la moelle spinale, connue sous ce nom d'*ataxie locomotrice* et donnant lieu à la perte du sens musculaire. Alors, tant que le malade a les yeux ouverts, il peut diriger ses membres, mais dès qu'il a les paupières closes, il ne peut remuer ou s'agite dans le vide.

Non-seulement les phénomènes intimes de la vie ne sont pas complétement inconscients, mais on ne peut les distraire de l'influence de l'intelligence et de la volonté. Ainsi, sans parler ici de l'action de la volonté sur les mouvements extérieurs, je puis rappeler son influence sur les malaises et sur la douleur de l'état morbide, qu'elle a souvent le privilége d'apaiser, sur la maladie dont elle ralentit la marche; car l'on sait que les êtres doués d'une grande énergie morale souffrent beaucoup moins et meurent beaucoup moins facilement que les autres. La volonté agit sur le cœur, dont elle précipite ou ralentit les battements, et par ses désordres, c'est-à-dire par ses passions, elle a sur tous les organes l'effet le plus marqué. La colère fait pâlir ou rougir, trouble les fonctions de l'estomac; la crainte fait suer ou refroidit la peau, etc.

Le sens vital est, comme on le voit, la source d'un très-grand nombre de perceptions, d'émotions, de désirs et de besoins les plus divers; il est l'intermédiaire de l'âme et des organes intérieurs dans leurs fonctions respectives pour connaître les stimulants de ces organes. C'est par lui que les instincts organiques s'exercent, soit par les besoins de respiration, d'alimentation, de reproduction qui se font sentir, soit par la satiété de ces instincts, soit, enfin, par le travail de nutrition interstitielle et d'exhalation des produits nuisibles à l'être vivant. Manifestation fondamentale de la sensibilité organique, il tient tous les sens externes sous sa dépendance, et on le retrouve dans les végétaux comme dans les animaux. C'est chez l'homme une forme spéciale de la sensibilité, ayant pour siége la moelle épinière, la moelle allongée, et la partie ganglionnaire du grand sympathique, tandis que, chez les animaux, il réside exclusivement dans les ganglions du nerf sympathique. Dans les animaux inférieurs et dans les végétaux dépourvus de tout système nerveux, il a pour base cette propriété des tissus vivants que j'ai fait connaître sous le nom d'impressibilité. (*Des attributs de la vie*, page 77.)

Le sens vital est, comme les sens externes, sujet à un affaiblissement général ou partiel, à une excitation plus ou moins marquée; mais son action n'est jamais suspendue même dans le sommeil ou par les maladies. Il présente des modifications individuelles donnant lieu à des impressions suivies d'une réaction singulière connue sous le nom d'*idiosyncrasie*. Quelquefois, il est l'objet d'illusions singulières pouvant atteindre jusqu'à l'hallucination, et il subit enfin des perturbations poussées jusqu'à l'anéantissement définitif lorsque, accidentellement ou par l'influence des causes extérieures, ses organes sont modifiés dans leur structure ordinaire.

Quelques développements sont ici nécessaires pour démontrer ce que je viens de dire. L'affaiblissement et l'exaltation du sens vital sont en rapport avec la lenteur ou la vivacité des opérations organiques accomplies au sein des organes ou dans leur profondeur et la nonchalance des tempéraments lymphatiques ou affaiblis par la misère ; celle des chlorotiques, des vieillards chez lesquels on voit les sens externes s'affaiblir en même temps, celle de l'habitant des pays chauds contrastent vivement avec la sensation intérieure de bien-être, de force et d'activité qu'éprouvent les hommes de tempérament sanguin dans l'âge adulte et les habitants de climats tempérés quand règne la température moyenne.

Dans quelques cas, il est le siége d'un affaiblissement partiel, phénomène qu'on observe également dans les organes des sens externes, et l'on voit de temps à autre les lésions d'un organe ne se révéler par aucune perception sensible. C'est le cas des *maladies latentes*. Il se produit alors une paralysie partielle du sens vital, tout comme au dehors il se produit des paralysies partielles du toucher ou des autres sens.

On rencontre aussi dans quelques maladies un autre phénomène tout aussi curieux : c'est la perception douloureuse produite dans un organe éloigné de celui qui est malade et qui ne cause point de douleur.

La douleur de tête existe au début de presque toutes les maladies aiguës ; il en est de même de la courbature et de la fièvre ; mais ce sont là des coïncidences plutôt que des exceptions, et, si l'on observe bien, on verra qu'il se produit alors plusieurs perceptions douloureuses à la fois, dont la plus forte n'est peut-être pas celle de l'organe le plus malade ; mais, dans ce cas même, le siége du mal se traduit toujours par un trouble assez notable de ses fonctions. Les perceptions douloureuses produites dans un organe éloigné de celui qui souffre le plus sont le résultat des sympathies organiques, c'est-à-dire de l'unité de la vie.

Jamais le sens vital ne s'interrompt entièrement comme le font les sens externes, qui sont fermés aux agents extérieurs pendant le sommeil et dans quelques états morbides ; alors il ne fait que s'affaiblir et continue de s'exercer sans éveiller l'action de la conscience ; car jamais ne chôment les opérations organiques, et il ne faut qu'un besoin pour le mettre en éveil. Toutefois, si le sens vital ne peut s'interrompre, il est, comme les sens extérieurs, susceptible d'action inconsciente dans l'état de veille. En effet, de même que l'homme peut, au milieu du bruit et en présence du monde, ne rien voir ou ne rien entendre, de même il vit, sans le sentir, jusqu'au moment où le besoin vient le rappeler au sentiment intérieur de lui-même et aux nécessités de la vie animale.

De même qu'on rencontre des individus n'appréciant pas l'harmonie des sons, et chantant faux parce qu'ils n'ont pas l'*oreille juste*, ne jugeant pas des saveurs et des odeurs comme tout le monde, insensibles à la douleur sans paralysie du toucher, enfin voyant mal les couleurs et affectés de ce qu'on appelle le *daltonisme* (1) ; de

(1) Le daltonisme est un vice de la vue dans lequel on ne voit pas certaines couleurs, tandis qu'on peut distinguer toutes les autres. Le chimiste Dalton est le premier qui ait fait connaître cette idiosyncrasie.

même on observe des individus chez lesquels le sens vital, modifié dans son essence, donne lieu à des phénomènes de sensibilité organique exceptionnelle et variable selon les organes. C'est ce qu'on appelle des *idiosyncrasies*. Chaque sens a les siennes. Tout le monde pourra lire dans les traités de physiologie et de médecine les histoires singulières de ces personnes qu'une odeur suave ou désagréable, telle que la violette, la graine de lin ou autre, fait tomber en syncope; de celles qu'un grincement de porte fait frissonner; que la vue d'un corps qui balance ou de raies parallèles fait vomir; que le contact d'un corps froid fait souffrir comme s'il s'agissait d'un fer rouge, etc. (1). Ce sont là autant d'exemples d'idiosyncrasie pris au hasard entre tous ceux que leur singularité a fait introduire dans les domaines de la science, et dont on retrouve les analogues dans les aberrations du *sens vital*. Il y a des femmes qui ne peuvent rester dans une vaste pièce dont les fenêtres et portes sont closes sans ressentir de l'oppression. Quelques personnes ne peuvent boire de vin, ni manger d'œufs, de poisson, de fraises, ou même ne sauraient avaler une bouchée de pain sans malaise et sans en souffrir. Que sont les stimulants, sinon des substances capables d'exalter le sens vital et de donner à dose convenable un sentiment très-vif de bien-être intérieur? L'animation et la gaieté factices que donne le vin en sont les preuves.

Le sens vital a, comme les sens externes, ses illusions et ses hallucinations. Qui a lu les récits de la magie, de la démonomanie au moyen âge, et qui connaît certaines aberrations de la folie religieuse et démoniaque, comprendra ce que je vais dire : Voir un être imaginaire ou donner aux objets une forme différente de celle qui leur appartient; entendre des paroles douces, menaçantes et injurieuses que nul ne prononce; respirer un parfum imaginaire; se livrer au commerce intime des démons, par l'incube et le succube, sont les aberrations des sens externes analogues et même semblables aux hallucinations du sens vital. Le sentiment intime que nous avons de notre être est non-seulement relatif au bien-être et à la souffrance de la vie intérieure, mais encore à la nature de la personnalité humaine. *Homo sum;* mais, dans quelques cas, le sens vital est à ce point troublé, que le sentiment intérieur de l'être cesse de se rapporter à lui et, dans une illusion presque incroyable, se transforme en un sentiment de basse animalité. L'illusion sensoriale est complète. Des hommes se croient changés en loup, en chien, et ils courent les bois ou les campagnes en aboyant, en hurlant et, chose plus horrible, en égorgeant, pour vivre, les animaux et les enfants dont ils peuvent s'emparer (2). C'est ce qui caractérise la lycanthropie et la cynanthropie. L'histoire des filles de Prœtus et des femmes d'Argos, qui, au rapport de Pausanias, se croyaient changées en vaches, a été célèbre dans toute l'antiquité.

<hr>

(1) Voir notre *Traité de pathologie générale*, page 39.

(2) Rapport du conseiller Pierre de Lancre, in-4°, 1627. — Simon Goulart, *Trésor d'his. admir.*, tome I.

Celle de Nabuchodonosor, qui, pendant sept ans, croyait vivre sous la forme d'un bœuf, n'est pas moins répandue, et on en trouverait au besoin une multitude d'autres dans les traités d'aliénation mentale, si de plus nombreux exemples étaient nécessaires à la démonstration que je m'étais proposé de faire.

C'est par le sens vital, enfin, que, sur tous les points de l'organisme humain, on voit les impressions produites par les aliments, l'air, les miasmes, le sang, la bile, les humeurs arriver au principe de la vie et à l'âme pour provoquer les réactions partielles de tissu et les réactions plus vastes d'organe ou de l'ensemble des organes qui caractérisent la maladie. Qu'on supprime par la pensée le sens interne qui a pour objet l'élection des matériaux de la nutrition et des sécrétions de chaque organe, et pour instrument la sensibilité organique inhérente à chaque tissu, alors il n'y a plus d'action ni de réaction vitale et, par conséquent, pas d'état morbide.

L'influence des objets extérieurs sur le corps est réduite à une action purement physique ou chimique de poids, de chaleur ou d'affinité, et cesse alors toute distinction entre la matière brute et la matière organisée. Le sens interne est donc d'abord l'instrument de la vie pour le choix de ce qui convient à son exercice régulier, et ensuite c'est l'intermédiaire indispensable au retour de la santé, que l'imprudence, les accidents ou les excès ont dérangée. Une impression morbide a lieu, le sens interne répond à sa manière, et la réaction se fait dans la mesure du pouvoir de l'organe affecté. Chaque tissu réagit à peu près de même, selon des lois jusqu'ici restées inconnues, et il se forme des produits morbides que la science moderne est en voie de classer d'une façon méthodique. Un soulier ne serre pas le pied sans que le sang n'y afflue et sans que l'épiderme, épaissi sur le point comprimé, n'engendre un durillon. Qu'une blessure soit faite à la peau, le sang coule, mais les vaisseaux se rétractent, sécrètent une lymphe plastique pour l'agglutination de la plaie, et la guérison a lieu. Les stimulants trop énergiques fixent le sang sur une partie au point d'y engendrer une inflammation; qui respire un miasme s'empoisonne et voit se produire une réaction locale ou générale produite par la fermentation du poison morbide et destiné à l'élimination de ce produit. C'est partout la même chose : de l'impression faite sur le sens interne par les excitants de la vie ou par des agents trop stimulants, résulte une réaction qui est la santé ; mais trop forte ou trop faible, c'est la maladie et toutes ses conséquences. Impression et réaction : voilà en deux mots le principe général de toute la pathologie; et de même qu'une école célèbre a pu dire : *Les idées ne sont que des sensations transformées*, ce qui réduit singulièrement les domaines de la pensée, je puis avec plus de raison, dans l'ordre des phénomènes physiques que j'expose, modifier la phrase de Condillac, et dire : *Les maladies ne sont que des impressions transformées*. Ici, je crois la chose incontestable, et, soit que l'on envisage les maladies innées, les maladies héréditaires ou les maladies acquises, partout l'impression d'une cause morbifique sur le germe ou sur l'individu est là pour expliquer la réaction organique et la production des matières anormales : de la goutte, de la scrofule, d'une inflammation, d'une hémorrhagie, d'une gangrène, etc. Les maladies chirurgicales n'échappent même pas à cette loi; car une plaie n'est rien sans le travail de réaction qui la suit, ce qu'Ambroise Paré a indiqué en disant : « *Je pansay, Dieu le guarit.* » Ainsi donc, impression et réaction, voilà ce qui explique l'origine et le mécanisme du développement de toutes les maladies. Il fallait la connaissance du sens interne ou de l'*impressibilité* pour arriver à ce résultat.

Tous les sens peuvent se fermer momentanément; mais le sens vital est le seul qui ne se repose jamais complétement. Son action peut s'affaiblir dans le sommeil, mais elle n'est pas interrompue. Les perceptions s'accumulent, mais, dès qu'elles sont incompatibles avec l'exercice des fonctions, l'être se réveille et lutte contre le péril. Un homme endormi, qu'on veut asphyxier, sort de son sommeil et de son lit pour échapper sans le savoir à la mort qui l'attend. Ainsi font les animaux hibernants, qui dorment à 0°; mais, si l'on abaisse la température, ils s'éveillent et se débattent avant de périr pour tâcher de se sauver. Tous les sens externes sont fermés dans le demi-sommeil du matin qui précède le réveil définitif, dans l'ivresse chloroformique, dans l'anéantissement qui suit l'acte vénérien, dans la syncope, dans certaines apoplexies; mais le sens vital persiste et, dans la plupart des cas que je viens de citer, produit un sentiment confus de plaisir qui n'est pas sans charme. Quand le sens vital est paralysé, toutes les fonctions s'arrêtent, et on le peut faire à volonté, d'un seul coup, chez un animal bien portant, en répétant l'expérience de M. Flourens, qui consiste à couper un point de la moelle allongée, que pour cette raison le physiologiste que j'ai cité a nommé le *nœud vital.*

Reste à savoir maintenant si le sens vital est un sens à part, s'il n'est pas celui du toucher, et s'il y a bien réellement lieu de reconnaître, dans les phénomènes sensitifs qu'on lui attribue, les caractères d'un ou de plusieurs sens internes.

L'objection n'est pas sans importance, et elle mérite d'être formulée d'une façon sérieuse pour subir l'épreuve d'une discussion contradictoire. Elle est plus spécieuse que juste, car elle s'applique également aux sens externes, qui pourraient alors être considérés comme de simples modifications du toucher. — L'odorat n'est, en effet, qu'une perception du contact des molécules odorantes sur un point du corps limité aux fosses nasales. — Du toucher de la base de la langue par les molécules sapides résulte le goût. — L'ouïe nous révèle le choc du tympan par le choc des ondes sonores. — Et la vue, enfin, nous révèle le contact des ondes lumineuses qui résultent des vibrations de l'éther par la composition des objets placés devant nous. Tout n'est, dans l'exercice continuel et régulier des sens, qu'un effet de contact de certains organes, tels que la rétine, le tympan et la muqueuse nasale ou linguale, par quelque chose de matériel, et l'on pourrait, à cet égard, faire de tous les sens connus la dépendance du toucher. La saine philosophie a toujours combattu cette manière de voir, et elle a réussi à lui barrer le chemin. D'un autre côté, la physiologie, que ce débat intéresse très-directement, a montré ce que devait être *un sens*, ayant pour condition anatomique une spécialité constante d'organe et d'innervation. De la nature distincte des sensations transmises, selon leur espèce, par des organes et des nerfs particuliers, elle a fait l'*attribut des sens*. Ainsi se sont localisés : l'ouïe dans l'oreille et dans le nerf auditif; la vue dans le globe oculaire et le nerf optique; le goût dans la langue et la branche linguale du nerf maxillaire inférieur; l'odorat dans la muqueuse nasale et le nerf olfactif; enfin, le toucher général et génésique dans la peau et dans les nerfs émanés des cordons postérieurs de la moelle épinière.

Le sens de la vie, comme les précédents, a ses sensations propres, et donne à l'âme la notion de certaines propriétés des corps que ne lui donneront jamais les autres sens. — *Il a ses organes spéciaux*, qui sont les viscères, et un nerf immense qu'on appelle *le grand sympathique*, chargé de coordonner leur action, de maintenir leur harmonie, et d'établir entre toutes les parties du corps cette solidarité qui fait l'unité des êtres vivants. Sous ces rapports, et par ces différents motifs, il y a lieu d'en faire un sens particulier.

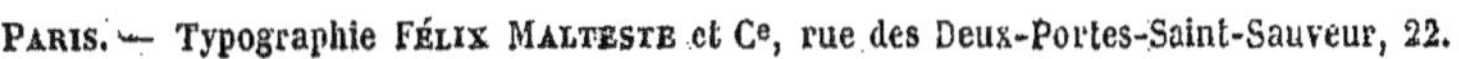

PARIS. — Typographie FÉLIX MALTESTE et Cᵉ, rue des Deux-Portes-Saint-Sauveur, 22.